BEI GRIN MACHT SICH IHR WISSEN BEZAHLT

Bibliografische Information der Deutschen Nationalbibliothek:

Die Deutsche Bibliothek verzeichnet diese Publikation in der Deutschen National-
bibliografie; detaillierte bibliografische Daten sind im Internet über http://dnb.d-
nb.de/ abrufbar.

Impressum:

Copyright © 2003 GRIN Verlag, Open Publishing GmbH
Druck und Bindung: Books on Demand GmbH, Norderstedt Germany
ISBN: 9783640644889

Dieses Buch bei GRIN:

http://www.grin.com/de/e-book/152522/die-entwicklung-von-zyklonen-in-den-
mittleren-breiten

Ron Klug

Die Entwicklung von Zyklonen in den mittleren Breiten

GRIN Verlag

GRIN - Your knowledge has value

Der GRIN Verlag publiziert seit 1998 wissenschaftliche Arbeiten von Studenten, Hochschullehrern und anderen Akademikern als eBook und gedrucktes Buch. Die Verlagswebsite www.grin.com ist die ideale Plattform zur Veröffentlichung von Hausarbeiten, Abschlussarbeiten, wissenschaftlichen Aufsätzen, Dissertationen und Fachbüchern.

Besuchen Sie uns im Internet:

http://www.grin.com/

http://www.facebook.com/grincom

http://www.twitter.com/grin_com

Martin-Luther-Universität Halle/Wittenberg

Institut für Geographie

Seminar: Physische Geographie

Die Entwicklung von Zyklonen

in den mittleren Breiten

Ron Klug (LAG Geo/Deu)

Inhaltsverzeichnis

1. Einleitung

1.1 Zielstellung

Im Rahmen des mir aufgetragenen Referates und der daran anschließenden Ausarbeitung, geht es um die Erschließung des Begriffes Zyklone durch die Aufarbeitung derer Entstehung und Entwicklung. Dabei sollen die ablaufenden Wirkungszusammenhänge und Entstehungsprozesse im Speziellen erschlossen werden.

1.2. Begriffsklärung

Zyklone kann man allgemein als wandernde Tiefdruckwirbel mit ausgeprägter Warm- und Kaltluftfront bezeichnen. Sie entstehen vorrangig im Gebiet der mittleren Breiten. Als mittlere Breiten bezeichnet man das Gebiet zwischen dem Polar- und dem Wendekreis.

2. Ursachen der Entstehung

Die Ursache der Entstehung von Zyklonen liegt in der allgemeinen bzw. planetarischen Zirkulation der Atmosphäre begründet. Dieses Zirkulationssystem kann man auf den Bereich der Troposphäre festlegen.

Die Zirkulation von Luftmassen wird im Wesentlichen durch die Kugelgestalt der Erde und der dadurch im weiteren Sinne unterschiedlichen Einstrahlungsverhältnisse der Sonne hervorgerufen. Denn durch diese unterschiedlich intensive Einstrahlung ist die Energiezufuhr auf der Erdoberfläche sehr verschieden. Es kommt deshalb zu unterschiedlich starken Erwärmungsprozessen von Luftmassen. An den Polen, wo die Einstrahlungsintensität durch den geringeren Einfallswinkel der Sonnenstrahlung logischerweise geringer ist als in südlichen äquatornahen Gebieten, existieren kältere Luftmassen. In den äquatornahen Gebieten demzufolge wärmere.

Diese kalten Luftmassen zwischen 65°N und 90°N stehen den warmen äquatornahen Luftmassen zwischen 35° N und S gegenüber und bilden die planetarische Frontalzone. Diese Zone bezeichnet den Übergangsgürtel zwischen der relativ stabil geschichteten warmen Äquatorluft und der relativ stabil geschichteten kalten Polarluft. In dieser Zone sind also größere Temperaturgegensätze konzentriert.

Dem barometrischen Höhengesetz zufolge vergrößert sich mit dem Temperaturgefälle in der Höhe auch das Druckgefälle. Dadurch werden Höhenwinde verursacht, die durch die Corioliskraft auf der Nordhalbkugel nach rechts und auf der Südhalbkugel nach links abgelenkt werden. Somit entsteht sowohl auf der einen als auch auf der anderen Halbkugel ein Westwindgürtel.

Die Windströmug der Höhenwestwinde verläuft jedoch nicht parallel zu den Breitenkreisen. Wäre dies der Fall, würde der Energieaustausch zwischen den Luftmassen höherer als auch niederer Breiten, infolge der unterschiedlich intensiven Einstrahlungsenergie, verhindert werden. Der Gegensatz zwischen dem Energieüberschuß der warmen Luftmassen aus den Tropen und dem Energiedefizit der kalten Luftmassen von den Polen, würde sich dann immer weiter vergrößern. Das ganze System würde auf Dauer zusammenbrechen.

Aus diesem Grunde sind die Höhenwestwindströmungen nicht breitenkreisparallel., sondern verlaufen mäanderförmig und schlagen große Wellen mit Wellenlängen bis zu 1000km. Deswegen werden solche Erscheinungen in die Klasse der Makroturbulenzen eingeordnet.

Dabei kommt es zur Ausprägung von Höhenrücken, die polwärts gerichtet sind und zu Höhentrögen, die äquatorwärts gerichtet sind.

3. Die Entstehung von Zyklonen

Die Grenze der warmen Luftmassen bezeichnet man als Warmfront und die Grenze der kalten Luftmassen als Kaltfront. Durch die Verdichtung der Temperatur- und Druckgegensätze, werden diese Fronten instabil und es kommt, wie schon zuvor beschrieben zur Ausprägung von großen mäandrierenden Luftmassenwellen. Diese laufen mit der Höhenwindströmung in östlicher Richtung ab.

Die Wellen durchlaufen eine dynamische Entwicklung im Rahmen der Entstehung und des Abbaus einer sogenannten Frontalzyklone. Sie durchlaufen in diesem Prozeß verschieden Stadien und Entwicklungsstufen. Diesen Vorgang beschreibt man mit dem Begriff der Zyklonenfamilie. Zu einer Zyklonenfamilie gehören vier bis sechs Frontalzyklonen, die im gleichen Entstehungsgebiet entstanden sind und sich in unterschiedlich fortgeschrittenen Entwicklungsstadien befinden.

Ich werde die Entstehung eine Zyklone im Folgenden in vier zu erklären versuchen.

In der Phase 1) beginnen warme Luftmassen, die höhere Temperaturen und einen größeren Drehimpuls besitzen als die kälteren, auf der östlichen Vorderseite einer Luftmassenwelle gegen die kalten Luftmassen zu strömen. Zur gleichen Zeit gleitet also warme Luft auf die kältere auf. Dies geschieht, weil die kälteren Luftmassen eine größere Dichte haben. Die warmen Luftmassen sind leichter und steigen dadurch eher auf. Diese Aufgleitfläche steigt polwärts schwach an.

Auf der westlichen Rückseite drängt dagegen die kalte Luft gegen die warme Luft und beginnt diese vom Boden abzuheben. Es bilden sich also eine Aufgleitfläche mit einer Warmfront heraus und eine Einbruchsfläche mit einer Kaltfront. Über dem Warmluft-vorstoß bildet sich dabei ein Hochdruckrücken und über den Kaltluftmassen ein Tiefdrucktrog. Es entsteht eine große Mäanderwelle in der Höhenwindströmung. Die Amplitude nimmt an Ausmaßen zu und wandert mit der Westströmung ostwärts. Durch die Zunahme der Amplitude der Mäanderwelle kommt es schließlich zur Abschnürung von Luftmassen in Form von Höhenrücken oder Tiefdrucktrögen. Dieser Prozeß wird als cut-off-efect bezeichnet.

Tröge und Rücken können die atmosphärische Windströmung als sogenannte Kaltlufttropfen oder Warmluftinseln teilweise blockieren oder aufteilen. Diese Erscheinung wird als blocking-action bezeichnet.

In Phase 2) hat sich die junge Frontalzyklone zu einem selbständigen Tief mit spezifischen Eigenschaften herausgebildet. So ist zum Beispiel der thermische Aufbau innerhalb der Zyklone nicht gleichmäßig, In Bodennähe, äquatorwärts gerichtet, existiert ein im Verlauf der Entwicklung der Zyklone schmaler werdender Warmluftsektor. Dieser warme Bereich wird von kalter Luft umgeben.

So geschieht es, daß beim Durchzug einer Zyklone eine gewisse, fühlbare Temperaturzunahme eintritt, die jedoch später durch die Abkühlung, welche durch die Kaltfront bedingt ist, wieder abnimmt.

Mit dem schon angesprochenen Aufgleitvorgang der warmen Luftmassen, geht die Ausbildung einer charakteristischen Aufgleitbewölkung einher. Diese Aufgleitbewölkung stellt eine ausgeprägte, horizontale Schichtbewölkung dar, welche bereits vor der Warmfront als Cirrenaufzug existiert und sich mit zunehmender Nähe der Warmfront zu einem Altostratus bzw. vertikal geschichtetem Nimbostratus entwickelt.

Dieses Wolkengebilde verursacht ausgiebige Aufgleitniederschläge, in Form von feintropfigem Niederschlag, sogenanntem Landregen.

Hinter der Warmfront reißt die Bewölkung auf und es herrscht niederschlagsfreies Wetter. Diese Erscheinungen kennzeichnen den typischen Wetterverlauf im Bereich der Warmfront. An der Kaltfront kommt es zu folgendem Ereignis: Die kalten Luftmassen haben sich aufgrund größerer Dichte unter die warmen Luftmassen geschoben. Es gibt im Bereich der Kaltfront nun Luftmassen, die sehr bodennah sind und es gibt Luftmassen, die darüber liegen. Die bodennahen Luftmassen, werden durch die Bodenreibung gebremst. Die darüberliegenden Luftmassen bewegen sich deshalb schneller und stürzen auf der Stirnseite herab. Die wärmere Luft wird zusätzlich zum Aufsteigen bewegt. Dadurch entsteht eine sehr hochreichende Konvektionsbewölkung, in Form von hoch aufgetürmten Haufenwolken. Diese forcieren großtropfige Schauerniederschläge. Je nachdem, wie groß der Temperaturgegensatz zwischen beiden Fronten ist, kann es zusätzlich zu Gewittern kommen.

Der Warmsektor ist in der weiteren Entwicklung der jungen Frontalzyklone im Begriff, sich zu verengen. Ursache dafür ist, daß sich die kalten Luftmassen der Rückseite schneller bewegen, als die warmen Luftmassen der Vorderseite. Irgendwann ist der Punkt erreicht, an dem die Kaltluft die Warmluft einholt. Dann existiert die Warmluft nur noch als abgehobene Schale in den höheren Schichten. Dieser Vorgang wird als Okklusion bezeichnet. Sie bezeichnet das System von Grenzflächen zwischen den unterschiedlich temperierten Luftmassen.

In Phase 3) spricht man nicht mehr von einer Frontalzyklone, sondern von einer Sturmzyklone. Mit zunehmender Okklusion, beginnt sich das Tiefdruckgebiet aufzufüllen, die Zyklone altert.

Dieser Alterungsprozeß wird in zunehmendem Maße durch den Übertritt der Luftmassen von Meeresflächen auf die Kontinentflächen begünstigt. Dann nämlich ist der Bodenreibungseffekt größer und die Konvergenz nimmt zu. Durch die Abnahme der Bewegungsgeschwindigkeit der Luftmassen, die sich über dem Kontinent befinden, laufen die nachfolgenden auf die vordersten auf, Phase 4). Gebiete in denen diese Prozesse ablaufen, werden als Zyklonenfriedhöfe bezeichnet. In Europa liegt der wichtigste Zyklonenfriedhof im Gebiet zwischen dem Baltikum und NW-Rußland.

4. Zusammenfassung

Eingangs wurde erwähnt, daß sich Zyklonen bevorzugt im Bereich vom unterschiedlich temperierten Luftmassen bilden. Demzufolge liegen die günstigsten Bildungsbedingungen in der Jahreszeit, mit dem durch sie bedingten stärksten meridionalen Temperaturgefälle, also im Winter.

Weiterhin würde die Entstehung von Zyklonen positiv beeinflussen, wenn die Luftmassen ein sehr großes Temperaturgefälle aufweisen. Das ist zum Beispiel der Fall, wenn warme Luft über relativ warme Wasserflächen gleitet und dann gegen relativ frisch ausgeflossene polare Luft geführt wird.

Desweiteren liegen die optimalen Entstehungsorte für Zyklonen natürlich auf den freien Meeresflächen, da die Bodenreibung, die eine Zyklone behindern würde, dort relativ gering ist.

5. Literatur

Borchert, G.: Klimageographie in Stichworten. 2. Aufl. Berlin/Suttgart: Hirt, 1993

Diercke: Wörterbuch Allgemeine Geographie.[Hartmut Leser], München/Braunschweig: dtv/westermann, 2001

Kuttler, W.: Grundriß Allgemeine Geographie. Teil I: Klimatologie. 2. Aufl. Paderborn; München; Wien; Zürich: Schöningh, 1990

Schönwiese, C.D.:Klimatologie. Stuttgart: Ulmer, 1994

Weischet, W.: Einführung in die allgemeine Klimatologie. Physikalische und meteorologische Grundlagen. Stuttgart: Teubner, 1991